DIE NATUR

Eine Entdeckungsreise durch das Jahr

Juni 2017
Für Helena und Max
zum Geburtstag
von Tante Dorle

4 3 2 1 11 12 13 14

Aus dem Französischen von Feryal Kanbay

Originally published in France by Éditions Gallimard Jeunesse
Titel der Originalausgabe: »La nature au fil des mois«

ISBN 978-3-7607-6947-9

www.arsedition.de

DIE NATUR

Eine Entdeckungsreise durch das Jahr

Ein Buch
von René Mettler

arsEdition

DIE JAHRESZEITEN

Warum gibt es Jahreszeiten?

Warum verändert sich die Natur?

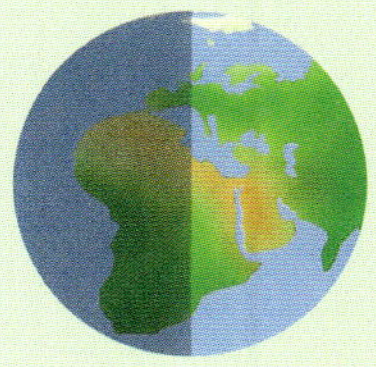

Die Erdachse ist nicht senkrecht, sondern geneigt. Das ist der Grund, warum Dauer und Stärke der Sonneneinstrahlung sich während eines Jahres ändern.

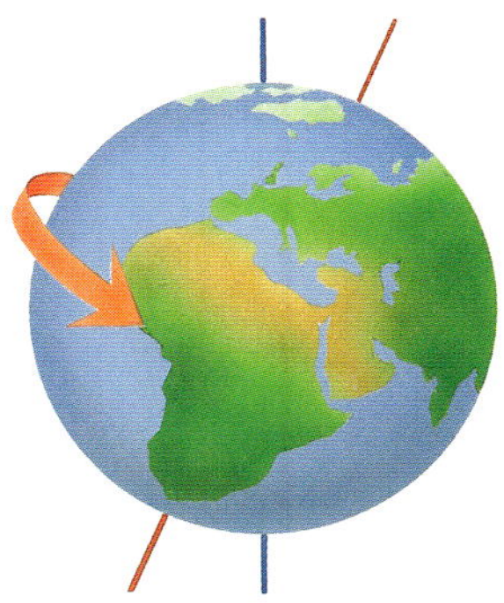

Die Erde dreht sich um eine Achse, die 23° 26' gegen die Äquatorebene geneigt ist.

In unseren Breiten wechseln sich die Wärme- und Kälteperioden mit einem relativ großen Temperaturunterschied ab. Die Natur unterliegt diesem Kreislauf und passt sich an: Die Pflanzen benötigen Sonnenenergie, um zu leben. Sie fangen bei den ersten Sonnenstrahlen des Jahres an zu treiben und zu blühen. Während des Sommers wachsen sie und lassen ihre Früchte und Samen reifen, um sich fortzupflanzen. Im Winter verlangsamt sich ihr Wachstum oder hört ganz auf. Die Tiere werden im Frühling oder zu Sommeranfang geboren, weil ihnen dann genug Zeit bleibt, um zu wachsen und Kräfte zu sammeln, bevor die kalte Jahreszeit beginnt. So entwickeln sich während eines Jahres, Monat für Monat, alle Bestandteile der Natur und verändern das Aussehen der Landschaft, die uns umgibt.

Der Frühling dauert vom 21. März bis 21. Juni. Die Tage sind länger als die Nächte, und die Sonne steht immer höher am Himmel. Dadurch werden die Temperaturen milder.

Der Winter dauert vom 22. Dezember bis 21. März. Die Sonne erreicht am Tag des Winterbeginns ihren niedrigsten Stand am Himmel und schafft es nicht mehr, die Luft zu erwärmen. Deshalb sind die Temperaturen sehr niedrig.

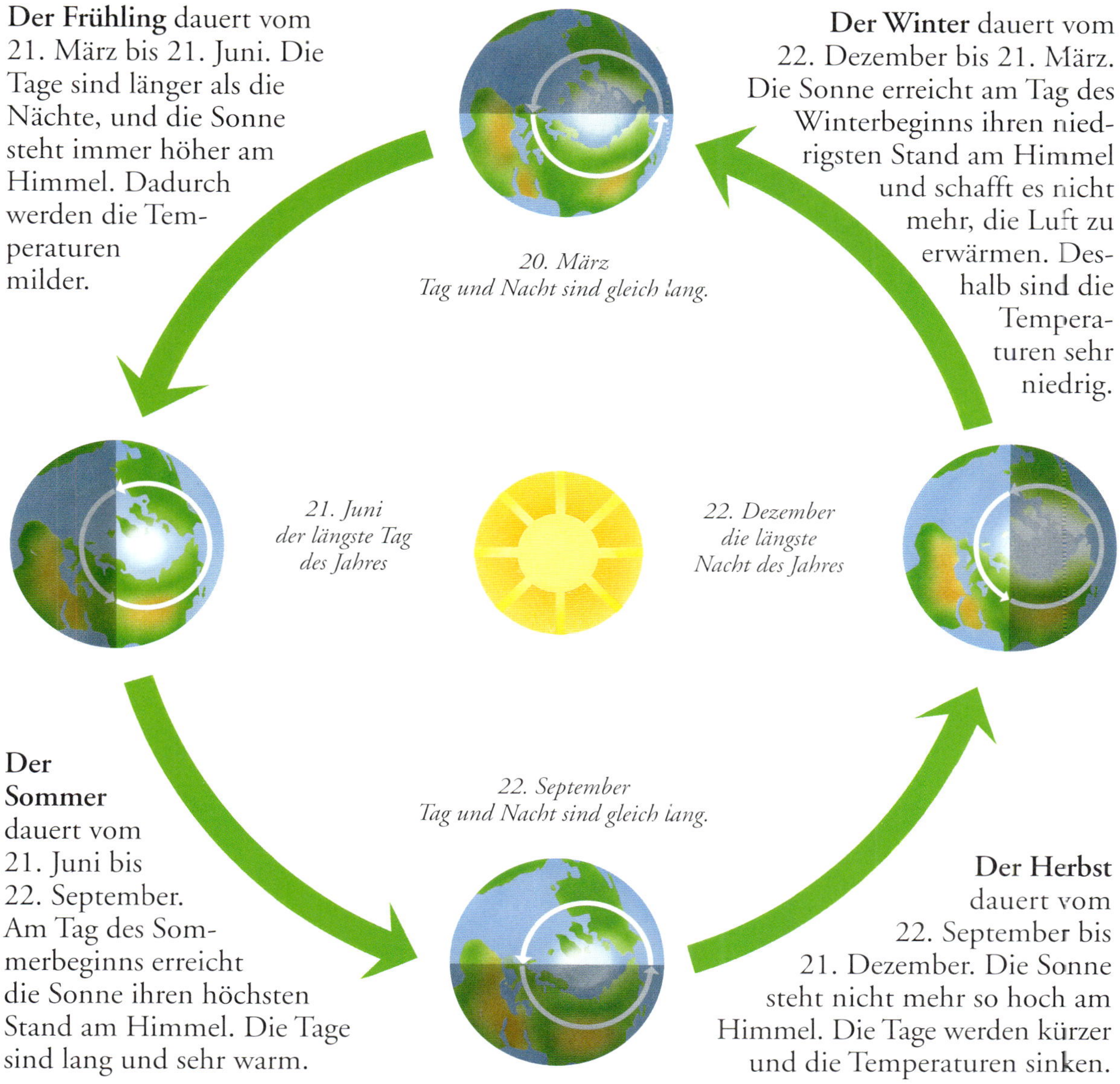

Der Sommer dauert vom 21. Juni bis 22. September. Am Tag des Sommerbeginns erreicht die Sonne ihren höchsten Stand am Himmel. Die Tage sind lang und sehr warm.

Der Herbst dauert vom 22. September bis 21. Dezember. Die Sonne steht nicht mehr so hoch am Himmel. Die Tage werden kürzer und die Temperaturen sinken.

Der Stand der Erde auf ihrer Laufbahn um die Sonne und die Stärke der Sonneneinstrahlung sind der Ursprung der Jahreszeiten.

Im Sommer steht die Sonne hoch am Himmel; der Weg der Sonnenstrahlen durch die Atmosphäre ist kurz. Die warmen Strahlen behalten ihre ganze Kraft.

Im Winter steht die Sonne niedrig am Himmel. Die Sonnenstrahlen durchdringen die Atmosphäre in einem Winkel, der für sie einen längeren Weg bedeutet. Dadurch wird die Kraft der Strahlen geschwächt.

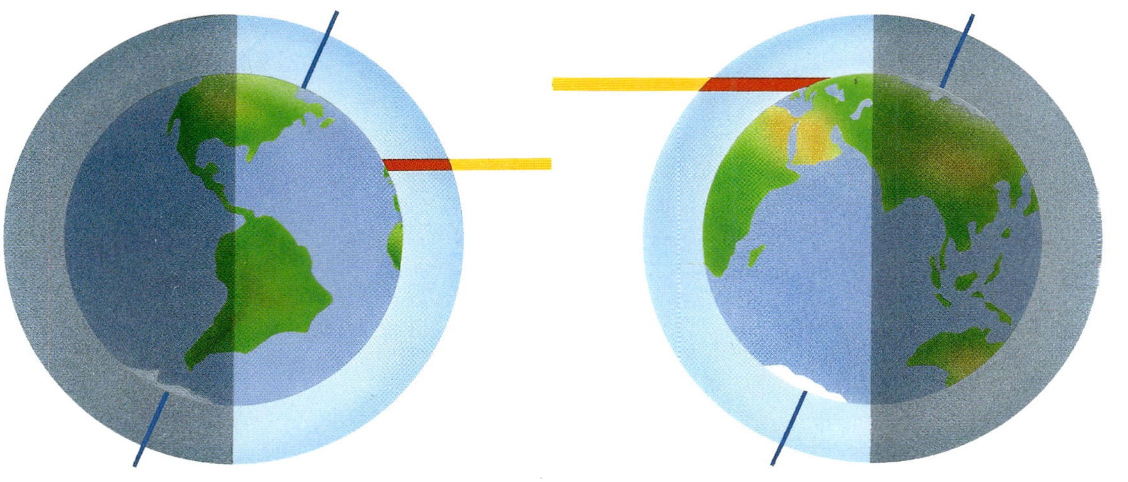

14. JANUAR

15.00 Uhr

Der Winter ist eine sehr harte Zeit für die Vögel. Wenn die Nahrung knapp wird, sind die kleinen Früchte an den Hecken und die Samen einiger Blumen, z. B. die von Bärenklau, ein gutes Futter.

Kohlmeise

Rotkehlchen

2

Eiskristalle

Wenn es friert, verwandeln sich die kleinen Wassertröpfchen in den Wolken in Eiskristalle. Wenn sie dann aneinanderkleben, bilden sich Schneeflocken.

1

Um gegen die Kälte anzukämpfen, stellen die Vögel ihre Federn auf. Dadurch entsteht eine wärmende Luftschicht, die sie schützt.

Misteldrossel

Wacholderdrossel

3

Die Drosseln gehören zur gleichen Familie wie die Amseln. Sie sind aus der Winterlandschaft nicht wegzudenken. Sie leben in Gruppen und ernähren sich von Beeren. Die Misteldrossel findet die Beeren der Mistel (daher auch ihr Name!) besonders schmackhaft und fördert so deren Verbreitung.

4

Der Zitronenfalter verbringt den Winter in einer Kältestarre, versteckt in einem Baumloch, einer Felshöhle oder ganz einfach unter einem welken Blatt.

5

Das Gänseblümchen gehört zu den Pflanzen, die fast das ganze Jahr hindurch blühen, auch in milden Wintern.

6

Der Fuchs bekommt am Winteranfang, wie viele andere Säugetiere auch, ein sehr dickes Fell. Es hilft ihm, sich vor der Winterkälte zu schützen.

14. JANUAR

15.00 Uhr

Temperatur: -4 °C

Tag/Nacht

Im Allgemeinen fängt das Jahr mit frostigem Wetter an. Die Gewässer sind zugefroren, außer Bächen und Flüssen, wo die Bewegung des Wassers die Eisbildung verhindert. Schnee fällt und bleibt auf dem kalten Boden liegen. Dadurch bekommen die Felder zuerst eine milchige Farbe und dann wird alles weiß. Die Tiere verbrauchen sehr viel Energie, um gegen die Kälte zu kämpfen, und der Frost macht die Suche nach den bereits spärlichen Nahrungsmitteln noch schwieriger.

Der Korb des Gärtners

Man erntet noch immer: Rosenkohl, Winterkohl, Feldsalat, Winterlauch, Schwarzwurzeln.

Hase *Fuchs* *Hermelin*

17. FEBRUAR

12.00 Uhr

Man kann den Vögeln helfen, den Winter zu überstehen, wenn man ihnen regelmäßig Vogelfutter hinstellt. Ein Netz voller Erdnüsse (nicht geröstet und ungesalzen!) ist das Lieblingsfutter der Meisen.

(1)

Wenn der Schnee das Land vollkommen bedeckt, hat man die Gelegenheit, viele Tierspuren zu beobachten. Am leichtesten kann man die Spuren von Hasen und Kaninchen erkennen, denn ihre Vorder- und Hinterfüße hinterlassen im Schnee verschieden große Abdrücke.

(2)

Die Elster mit ihrem wunderschönen Gefieder kann nicht unbemerkt vorbeifliegen. Ihre schwarzen, weißen und metallisch glänzenden grün-blauen Federn fallen in der Schneelandschaft besonders auf. Im Winter lebt sie gerne in kleinen Gruppen.

Hermelin

Mauswiesel

(3)

Das Hermelin und sein Vetter, das Mauswiesel, sind zwei kleine Raubtiere, die in Mitteleuropa leben. Außer durch ihre Größe unterscheiden sich die beiden auch dadurch, dass die Schwanzspitze des Hermelins schwarz ist. Im Winter fällt das besonders auf, weil beide ein weißes Winterfell bekommen.

(4) Alle Vertreter der Finkenfamilie sind Körnerfresser. Das erleichtert ihnen das Überleben im Winter, wenn eine besonders dicke Schneeschicht es unmöglich macht, an andere Nahrung als Pflanzensamen heranzukommen.

(5)

Goldammer

Grünling *Bergfink* *Gimpel*

Die Feldmaus gräbt Gänge unter der Schneedecke, um nach Nahrung zu suchen.

17. FEBRUAR

12.00 Uhr

Temperatur: -8 °C

Tag/Nacht

Der Schnee verändert völlig das Aussehen der Landschaft. Er verdeckt Unebenheiten und verleiht sanfte Umrisse. Alles, was unbedeckt bleibt, hebt sich vom weißen Hintergrund ab. So entstehen starke Farbunterschiede. Unter dem Schneemantel gefriert die Erde nicht, wie man im Allgemeinen glaubt: Er schützt sie gegen Frost, und die Bodentemperatur sinkt kaum unter null Grad.
Für Tiere, die nach Nahrung suchen müssen, stellt der Schnee jedoch ein Hindernis dar. Die schwächsten unter ihnen überleben den strengen Winter nicht.

Der Korb des Gärtners

Man erntet das ganze Jahr über:
Rosenkohl, Winterkohl, Feldsalat, Winterlauch, Schwarzwurzeln.
Wenn das Gemüse knapp wird, greift man auf Konserven zurück, die aus der Ernte der warmen Jahreszeit hergestellt wurden.

16. MÄRZ

10.00 Uhr

1

Die Schlehe (der Schwarzdorn) ist der erste blühende Strauch. Seine Blüten erscheinen vor den Blättern.

4

Der Igel gehört zu den Säugetieren, die Winterschlaf halten. Kaum ist er erwacht, sucht er sich ein Weibchen, das nach einer Tragzeit von 40 Tagen vier oder fünf, manchmal auch sieben junge Igel zur Welt bringt. Die kleinen Igelkinder haben bei der Geburt noch keine Stacheln.

Stieleiche *Esche* *Walnuss* *Linde* *Schwarzpappel*

Die Lage der Knospen auf den Zweigen, ihre Zahl, ihre Farbe und ihr Aussehen sind wichtige Merkmale, die dazu dienen, eine Baum- oder Strauchart zu bestimmen.

2

Die Salweide ist besonders durch die weichen und seidigen »Palmkätzchen« bekannt. In vielen Ländern ist es verboten, sie zu pflücken, da die frühe Blüte dieser Weide den Bienen Nahrung verschafft in einer Zeit, in der es noch sehr wenig Blumen gibt.

3

Die Schlüsselblume ist eine der ersten Blumen des Jahres. Auf Wiesen und in Wäldern, wo sie häufiger vorkommt, darf man ab und zu ein kleines Sträußchen pflücken.

5

Der Zitronenfalter, der den Winter in Starre unter einem verwelkten Laubblatt verbracht hat, fliegt davon, sobald die Temperaturen wieder steigen.

6

Die Amsel baut als einer der ersten Vögel ihr Nest und legt Eier. Das Männchen ist leicht an seinem schwarzen Gefieder und dem gelben Schnabel zu erkennen. Das Weibchen ist unscheinbar gefärbt, hat aber sonst das gleiche Aussehen.

7

Den Kiebitz trifft man vor allem auf Feldern und Feuchtwiesen an, wo er sein Nest auf dem Boden baut. Während des »Hochzeitstanzes« führt er einen kunstvollen Flug vor.

Die Blumen des Monats

Löwenzahn *Ehrenpreis* *Scharbockskraut* *Stiefmütterchen* *Veilchen*

16. MÄRZ

10.00 Uhr

Temperatur: 5 °C

Tag/Nacht

Nach dem Kalender beginnt der Frühling am 21. März. An diesem Datum sind Tag und Nacht gleich lang. Jetzt erwacht die Natur aus ihrem Winterschlaf. Die Pflanzensäfte beginnen in den Ästen der Bäume und Sträucher hochzusteigen und lassen die Knospen anschwellen. Die ersten Blüten erscheinen an Hecken und auf Wiesen. Die Äcker werden grün: Die im Winter gesäten Weizen- und Rapspflanzen fangen an weiterzuwachsen.
Das Wetter ist sehr veränderlich. Regen und Sonnenschein wechseln sich ab, es kommt sogar zu Hagel- und Schneeschauern. Durch den Regen und die Schneeschmelze kann der Wasserpegel von Bächen und Flüssen steigen und es kommt zu Überschwemmungen.

Der Korb des Gärtners

Man erntet: Brokkoli, Spinat.
Und noch immer: Rosenkohl, Feldsalat, Winterlauch, Schwarzwurzeln.

15. APRIL

16.00 Uhr

1 *Apfelblüte*

Kirschblüte 1

Jede Vogelart baut ihr Nest auf ihre eigene Weise. Es gibt viele verschiedene Nestformen, und die unterschiedlichsten Materialien werden dafür verwendet. Die Lebensweise der Tiere und ihre Umgebung bestimmen die Wahl des Standortes.

2 Das Schwarzkehlchen baut sein Nest am Boden, versteckt unter Gebüsch oder großen Grasbüscheln.

3 Die Mönchsgrasmücke sucht für ihr Nest einen Brombeerbusch oder einen anderen Strauch aus.

4 Der Buchfink baut sein sehr ordentliches Nest meist in den obersten Baumkronen, in Astgabeln, in einer Höhe von 3 bis 8 Metern.

Männchen *Weibchen*

5 Die Rauchschwalbe und alle anderen Schwalbenarten sind Zugvögel. Sie verlassen unsere Breiten im Herbst, um den Winter in Afrika zu verbringen, und kommen im Frühling wieder.

Rauchschwalbe

Mehlschwalbe

Der Mauersegler sieht wie eine große Schwalbe aus, gehört aber zu einer anderen Vogelfamilie.

Die Schuppen der Knospen werden größer, damit neue Blätter entstehen können. Die Blattformen sind von Baum zu Baum verschieden.

6 *Linde* 7 *Schwarzerle* 8 *Pappel*

9 *Stieleiche* 11 *Feldahorn*

10 *Silberweide*

Die Blumen des Monats

Vergissmeinnicht *Ruprechtskraut* *Große Sternmiere*

12 *Wiesenschaumkraut* 13 *Rote Taubnessel*

15. APRIL

16.00 Uhr

Temperatur: 15 °C

Tag/Nacht

Die Pflanzen wachsen weiter. Neue Laubblätter lassen die Bäume ergrünen. Die Farbe der jungen Blätter ist bei verschiedenen Pflanzenarten sehr unterschiedlich, die Farbpalette reicht von Grüngelb bis zu Gelbrot. Blühende Obstbäume sind meist weiß. Während er wächst, bekommt der Weizen eine leuchtend grüne Farbe und der Raps zeigt seine ersten gelben Blüten. Die Zugvögel kehren langsam zurück. Unter ihnen befinden sich auch die Schwalben. Die Temperaturen werden immer milder, aber Temperaturstürze bis unter null Grad kommen noch vor. Manchmal erfrieren sogar die Blüten der Obstbäume, sodass die Ernte gefährdet wird.

Der Korb des Gärtners

Man erntet: Kopfsalat, Zwiebeln, Radieschen.
Und noch immer: Brokkoli, Rosenkohl, Spinat.

17. MAI

9.00 Uhr

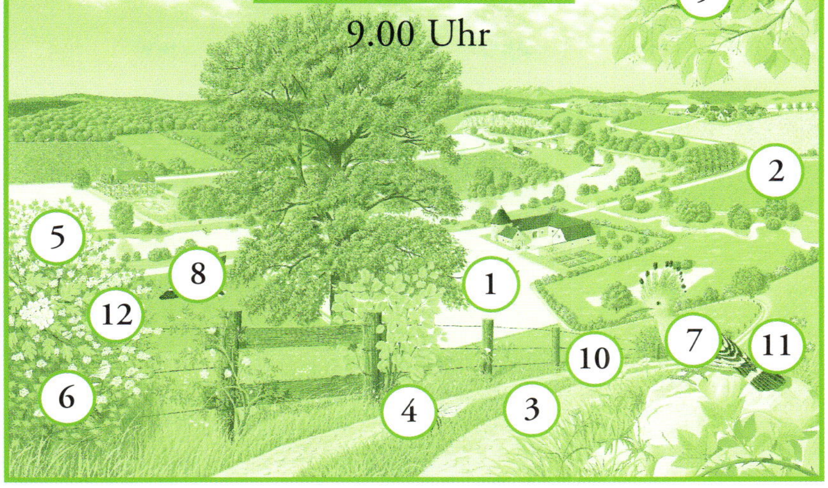

1

Der Raps, dessen Blüten den Rapsfeldern eine leuchtend gelbe Farbe verleihen, wird wegen seiner stark ölhaltigen Samen sehr häufig angebaut.

2

Die Stängel des Weizens verzweigen sich nach dem ersten Trieb. Aus einem einzigen Samenkorn entstehen mehrere Ähren.

3

Die Honigbiene ist einer der Hauptbestäuber unter den Insekten. Wenn sie sich auf eine Blüte setzt, um Nektar zu holen, bleibt etwas Pollen an ihr hängen. Wenn sie dann weiterfliegt, kommt dieser mit der Narbe einer anderen Blüte in Berührung und befruchtet sie.

Honigbiene

Erdhummel

4

Die Erdhummel bestäubt die Blumen in gleicher Weise wie die Biene, nicht aber die Wespe und die Hornisse.

Wespe

Hornisse

5

Weißdornhecken stellen für das Vieh ein unüberwindbares Hindernis dar: Ihre Zweige sind, wie die der Schlehe, mit spitzen Dornen versehen.

6

Der Maikäfer frisst mit Vorliebe junge Laubblätter, und seine Larve, der Engerling, verursacht an Pflanzenkulturen große Schäden. Durch den Einsatz von Insektenvernichtungsmitteln ist der Maikäfer jedoch vielerorts ausgestorben.

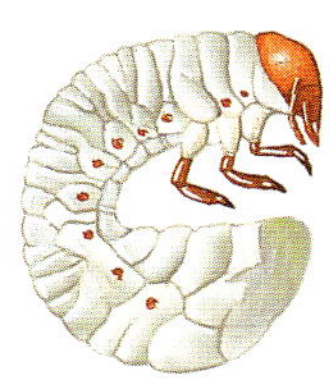

7

Den Wiedehopf trifft man bei uns zwischen April und September an. Seinen wissenschaftlichen Namen »Upupa« verdankt er dem charakteristischen Laut »u-pu-pu«, den er von sich gibt. Durch seine Färbung und seinen Federschopf sieht er wie ein exotischer Vogel aus.

8

Der Pirol ist ein Zugvogel wie der Wiedehopf. Er verlässt das südliche Afrika, um den Sommer in unseren Breiten zu verbringen und Eier zu legen.

9

Der Stieglitz verdient die Bezeichnung »elegant« wirklich, denn er ist einer der buntesten Vögel in Mitteleuropa.

Die Blumen des Monats

10 *Hahnenfuß*

Taubenkropf

Gewöhnlicher Hornklee

Natternkopf

11 *Storchschnabel*

12

Wenn ihre Eltern näher kommen, fangen die Jungvögel an, kreischend um Futter zu betteln, und machen ihre Schnäbel ganz weit auf. Die rote Farbe des Schlunds regt bei den Altvögeln den Futterinstinkt an. Besondere Artmerkmale helfen den Eltern, ihre Jungen zu finden.

17. MAI

9.00 Uhr

Temperatur: 14 °C

Tag/Nacht

Innerhalb weniger Wochen hat das Laub der Bäume wiede
die alte Üppigkeit erreicht. Auf den Wiesen und entlang d
Wege ziehen die Blumen Bienen und Hummeln an. Die
Blüten des Weißdorns lassen die Hecken weiß erscheinen
und Tausende von Rapsblüten tauchen die Felder in ein
leuchtendes Gelb. Die neugeborenen Vögel piepsen in ihre
Nestern, und ihre Eltern fliegen unaufhörlich hin und he
um sie mit Insekten und Larven zu füttern.
Die Tage sind deutlich länger geworden und die Temperature
steigen. Es ist wieder angenehm warm draußen.

Der Korb des Gärtners

Man erntet: Spargel, Erdbeeren, Erbsen.
Und noch immer: Brokkoli, Spinat, Kopfsalat, Zwiebeln, Radieschen.

16. JUNI

19.00 Uhr

1

Die Heckenrose, auch Hundsrose genannt, ist die bekannteste unter den Wildrosen. Sie schmückt mit ihren rosafarbenen Blüten die Wegränder.

2

Aus Lindenblüten kann man, wenn man sie pflückt und dann trocknet, einen sehr guten Tee zubereiten.

3

Die Feldlerche erhebt sich singend in die Lüfte und bleibt wenige Sekunden unbeweglich am Himmel stehen, bevor sie sich in einem rasanten Sturzflug dem Boden nähert und erneut hochfliegt.

Gewöhnliche Quecke *Gewöhnliches Knäuelgras* *Wiesenlieschgras*
Trespe *Wiesenrispengras*

4

Was man allgemein als »Gras« bezeichnet, ist eine große Gruppe von grasähnlichen Pflanzen. Manche kommen in der Natur sehr häufig vor wie z. B. Unkräuter, andere wiederum müssen angebaut werden, um daraus Heu zu machen.

5

Der Marienkäfer hat zahlreiche Unterarten. Der Siebenpunkt ist der bekannteste und häufigste Marienkäfer. Etwas kleiner ist der Zweipunkt. Er weist eine große Vielfalt an Gestalt und Zeichnung auf.

Die Hauptnahrung der Marienkäfer sind die Blattläuse. Deshalb werden Marienkäfer auch zum Einsatz gegen diese Pflanzenschädlinge gezüchtet.

Schmetterlinge

Schwalbenschwanz *Admiral*

C-Falter *Orangeroter Heufalter* *Kleiner Fuchs*

6 *Ringelnatter* *Aspisviper*

Diese vor allem an Teichufern und Wasserläufen lebende, aber auch auf Feldern vorkommende Schlange ist völlig harmlos. Von der giftigen Viper unterscheidet sie sich durch ihre abgerundete Schnauze, ihren spitzen Schwanz und besonders durch ihre runden Pupillen.

Die Blumen des Monats

7 *Zaunwinde* *Skabiosenflockenblume* *Glockenblume*
Taubenskabiose *Ackerkratzdistel*

8

Das Pfauenauge ernährt sich als Raupe in der Regel von Brennnesselblättern.

Die ausgewachsene Raupe hängt sich mit dem Kopf nach unten an einen Zweig, ihre Haut springt auf und sie verwandelt sich in eine Puppe. Hier entwickelt sich der Schmetterling und befreit sich zum Schluss aus der Puppenhülle.

16. JUNI

19.00 Uhr

Temperatur: 23 °C

Tag/Nacht

Der 21. Juni ist der längste Tag des Jahres und gleichzeitig Sommeranfang. Jetzt herrscht meist schönes Wetter, die Temperaturen werden sommerlich. Nach der Blüte erblassen die Rapsfelder und der Weizen reift heran. Die Landschaft wird von grünen Farbtönen beherrscht, von denen sich die gelben Halme der Gerstenfelder abheben. Gerste ist das erste Getreide, das reif wird. Viele bunte Schmetterlinge und Insekten mischen sich unter die Blumen, die sich im hohen Gras verbreitet haben.

Der Korb des Gärtners

Man erntet: Knoblauch, Rote Bete, Karotten, Kirschen, Blumenkohl, Himbeeren, Weiße Rüben, Sommerlauch, Frühkartoffeln, Römischen Salat, Endiviensalat.
Und noch immer: Spargel, Spinat, Erdbeeren, Kopfsalat, Zwiebeln, Erbsen, Radieschen.

14. JULI

17.00 Uhr

1 Die Rapsschoten werden im Juli geerntet und enthalten kleine Samen, aus denen ein Speiseöl gewonnen wird: das Raspsöl. Die Pressrückstände werden als Viehfutter verwendet.

2 Die Sonnenblume wird ebenfalls zur Gewinnung von Speiseöl angebaut. Geerntet wird im September, wenn die Blüten ihre Samen, die Sonnenblumenkerne, gebildet haben.

3 Der gemahlene Weichweizen liefert das Mehl für unser Brot.

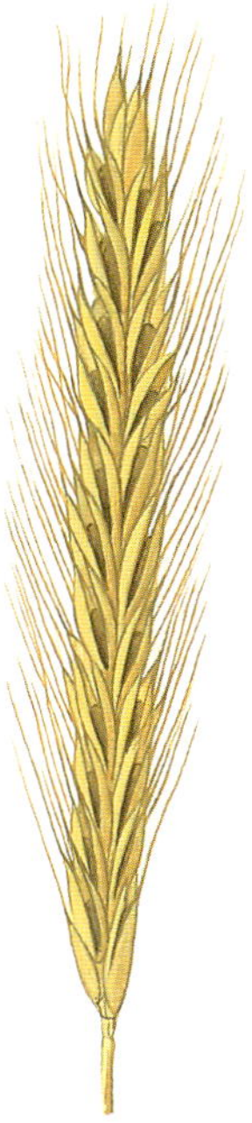

Der Winterroggen wird zu Mehl (für Schwarzbrot), Schrot (für Vollkornbrot) und Grieß verarbeitet. Der Staudenroggen wird als Grünfutter für das Vieh verwendet. Das Stroh diente früher als Deckmaterial für Hausdächer.

Die Gerste bezeichnet man als Malz, wenn die Getreidekörner zum Keimen gebracht werden. Malz ist einer der wichtigsten Bestandteile bei der Whiskeyherstellung sowie beim Brauen einiger Biersorten.

Der Hafer ist das wichtigste und bekannteste Pferdefutter. Menschen essen dieses Getreide zum Frühstück in Form von Haferflocken, als Müsli mit Früchten und Honig oder als Haferbrei.

Der Hartweizen wird zur Herstellung von Grieß und Nudeln verwendet.

4 Die Zauneidechse genießt die warme Sonne. Die Blindschleiche ist keine Schlange, sondern eine Echse … ohne Beine!

Blindschleiche

Mauereidechse

5 Heuschrecken erzeugen Laute, indem sie einen Körperteil gegen einen anderen reiben. Bei den Kurzfühlerschrecken (Wanderheuschrecken) wird der Hinterschenkel gegen den Vorderflügel gerieben, bei den Langfühlerschrecken und Grillen die Vorderflügel gegeneinander.

Grünes Heupferd

Warzenbeißer

Ödlandschrecke

Grashüpfer

Feldgrille

6 ***Doldengewächse***

Vorsicht! Die Schierlinge sind sehr giftig, und der Bärenklau kann allergische Reaktionen hervorrufen.

Bärenklau

Gefleckter Schierling ☠

Hundspetersilie ☠

Bibernelle

Wilde Möhre

14. JULI

17.00 Uhr

Temperatur: 25 °C

Tag/Nacht

Jetzt ist Hochsommer. Es herrschen gelbe Farbtöne vor: Raps vor der Ernte, reifer Weizen, Tausende von Sonnenblumen. Der schrille Gesang der Heuschrecken und Grillen bildet die Geräuschkulisse in der Hitze des Tages. Das Wetter kann schwül werden: Am Himmel ziehen sich oft dicke Wolken drohend zusammen. Wind kommt auf. Auf Blitz und Donner folgen Wolkenbrüche oder sogar Hagel: Das ist ein Gewitter. Ein beeindruckendes Schauspiel, das sich jedoch als gefährlich erweisen kann. Die Ernte kann vollständig vernichtet werden und plötzliche Hochwasser verwüsten manchmal die Flussauen.

Der Korb des Gärtners

Man erntet: Aprikosen, Mangold, Schwarze und Rote Johannisbeeren, Kohlrabi, Pfeffergurken, Zucchini, grüne Bohnen, Melonen, Zwiebeln, Pfirsiche, Tomaten.
Und noch immer: Rote Bete, Karotten, Blumenkohl, Kopfsalat, Erbsen, Sommerlauch, Kartoffeln, Radieschen, Römischen Salat, Endiviensalat.

15. AUGUST

20.00 Uhr

1 Der Rosenapfel ist eine struppige Wucherung, die man an Wildrosen sehen kann. Das ist eine Galle, die durch die Larven der Rosengallwespe verursacht wird.

2 Den Grasfrosch sieht man auf Feldern und Wiesen, wo er sich mit kleinen Sprüngen fortbewegt. Wenn es sehr heiß wird, sucht er sich lieber einen Platz am Wasser.

Siebenschläfer

3 Gartenschläfer und Siebenschläfer sind Nagetiere. Beide sind Dämmerungs- und Nachttiere. Sie werden aktiv, wenn die Sonne untergeht, und kehren vor Sonnenaufgang wieder zurück.

4 Die Rauchschwalbe fliegt munter hoch und ändert plötzlich ihre Flugrichtung, um nach den kleinen vorbeifliegenden Insekten zu schnappen, von denen sie sich ernährt.

5 Der Steinkauz ist ein Raubvogel, der nachts aktiv wird. Bei Sonnenuntergang und bei Tagesanbruch kann man ihn auf der Jagd beobachten.

Eulen schlucken wie alle Raubvögel ihre Beute im Ganzen hinunter. Sie scheiden dann knäuelähnliche Gebilde aus, die man als Gewölle bezeichnet. Diese Knäuel enthalten unverdaute Federn, Haare und Knochen.

Waldkauz

Schleiereule

Steinkauz

7 Der Neuntöter spießt seine Beute an Dornen oder Stacheldraht auf, bevor er sie frisst.

6 Schnecken lieben Feuchtigkeit. Deshalb kann man sie am Morgen und am Abend besser beobachten als tagsüber.

Hainbänderschnecke

Gartenbänderschnecke

Gesprenkelte Weinbergschnecke

Weinbergschnecke

Die Blumen des Monats

8 *Wiesenkümmel*

Wegwarte

9 *Wilde Karde*

15. AUGUST

20.00 Uhr

Temperatur: 28 °C

Tag/Nacht

Der Weizen ist geerntet und die Strohballen werden eingebracht. Die Sonnenblumenfelder bekommen eine hellgrüne Farbe: Die Pflanzen verwelken. Leuchtendes Grün und trockene Erde prägen die Landschaft: Es herrscht große Hitze. Die Blumen am Wegrand werden immer seltener. Aber aus getrockneten Kräutern, gemischt mit den häufig vorkommenden Doldenblütlern, lassen sich sehr schöne Blumensträuße binden. Oft geht das Wasser in den Flüssen und Teichen durch die Trockenheit stark zurück. Aber zum großen Vergnügen von Badefans herrschen jetzt sehr angenehme Temperaturen. Für viele ist August der Urlaubs- und Ferienmonat schlechthin.

Der Korb des Gärtners

Man erntet: Auberginen, Stangensellerie, Gurken, rote Bohnen, Mirabellen, Birnen, Renekloden.
Und noch immer: Aprikosen, Mangold, Rote Bete, Kohlrabi, Pfeffergurken, Zucchini, Spinat, grüne Bohnen, Kopfsalat, Melonen, Zwiebeln, Pfirsiche, Sommerlauch, Kartoffeln, Radieschen, Römischen Salat, Endiviensalat, Tomaten.

14. SEPTEMBER

8.00 Uhr

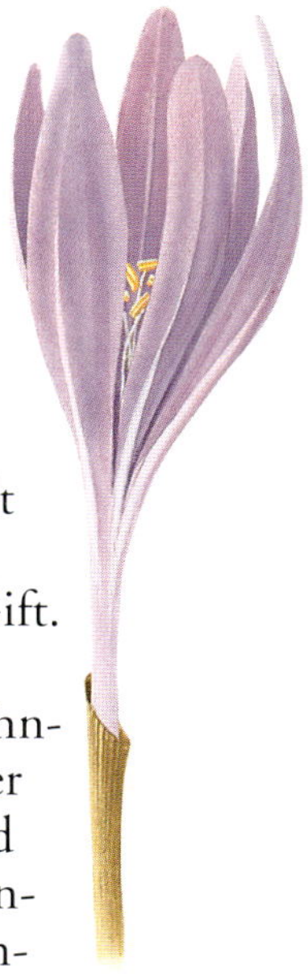

1 Die zarte und feine Herbstzeitlose enthält ein besonders gefährliches Gift. Sie sieht dem Krokus sehr ähnlich, blüht aber im Herbst und gehört einer anderen Pflanzenfamilie an.

Herbstzeitlose ☠

2 Die Sonnenblumen werden abgeerntet, wenn sie verwelkt sind: Aus den Röhrenblüten in der Mitte der Scheibe sind ihre Kerne entstanden. Daraus kann jetzt ein sehr schmackhaftes Speiseöl hergestellt werden.

3 Die Spinnennetze sind am frühen Morgen, mit Tautropfen auf ihren Fäden, besonders gut zu sehen.

Die Kreuzspinne webt ein sehr schönes Netz. Von der Mitte der Fadenbrücke spannt sie einen Faden nach unten. Vom Mittelpunkt der strahlenförmigen Speichen aus spinnt sie dann Faden um Faden eine regelmäßige Spirale.

4 Der Turmfalke gehört zur Familie der Greifvögel, die mächtige Krallen und einen scharfen Schnabel besitzen. So können sie ihre Beute gut packen und in kleine Stücke zerteilen. Wenn der Turmfalke aus der Luft eine Maus entdeckt, stürzt er mit großer Schnelligkeit nach unten, bremst kurz über dem Boden und ergreift seine Beute.

5 Die Haselmaus, ein kleines Nagetier mit goldbraunem Fell, gehört zur gleichen Familie wie der Gartenschläfer und der Siebenschläfer. Wie ihre Verwandten ist sie vor allem nachts aktiv und kehrt erst bei Sonnenaufgang wieder zurück. Sie ernährt sich in der Hauptsache von Pflanzen, z. B. Beeren, Haselnüssen, Obst und Kastanien, frisst aber von Zeit zu Zeit auch kleine Insekten.

6 *Mäusebussard*

Alle Greifvögel sind gute Segelflieger. Anhand des Flugbildes kann man sie genau erkennen und bestimmen.

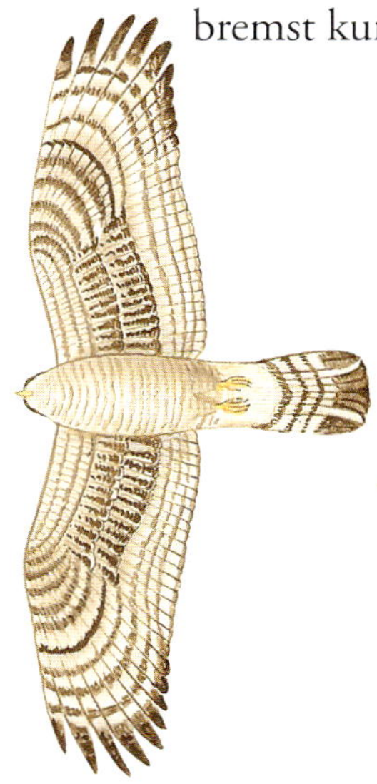

Habicht

Schwarzmilan

Sperber

Falke

Rebhuhn

Rothuhn

7 Die Brombeere ist die Frucht des Brombeerstrauchs, der Zweige mit langen Dornen trägt.

9 *Wiesenchampignon*

10 *Feldschwindling*

8 Das Rebhuhn hält sich gerne in der Nähe von Feldern und Wiesen auf, um nach Nahrung zu suchen. Das Rothuhn kommt heute nur noch in Italien, Spanien, der Schweiz und Südfrankreich vor.

Diese zwei beliebten Speisepilze wachsen im Gras. Der Feldschwindling kommt häufig in kreisförmigen Gruppen vor, die man als »Hexenringe« bezeichnet.

14. SEPTEMBER

8.00 Uhr

Temperatur: 11 °C

Tag/Nacht

Der Sommer geht langsam zu Ende. Einzelne gelbe Blätter verkünden den nahenden Herbst, der am 22. dieses Monats beginnt. Dann werden zum zweiten Mal im Jahr der Tag und die Nacht gleich lang sein. Die Nächte und die frühen Morgenstunden sind bereits frisch und neblig, aber die Tage sind meistens noch sommerlich warm. Mit den Sonnenblumen endet die Erntezeit, und man beginnt damit, die Felder zu eggen und für die nächste Aussaat vorzubereiten. Die kahle Erde und die geschwächte Vegetation verleihen der Landschaft eine fahle Farbe. Die kleinen Früchte an den Hecken, die im Herbst leuchtend rot werden, sind willkommene Farbtupfen.

Der Korb des Gärtners

Man erntet: Fenchel, Winterlauch, Äpfel, Zwetschgen, Weintrauben.
Und noch immer: Auberginen, Mangold, Rote Bete, Karotten, Sellerie, Kohlrabi, Gurken, Zucchini, Spinat, grüne Bohnen, rote Bohnen, Kopfsalat, Melonen, Zwiebeln, Birnen, Kartoffeln, Radieschen, Römischen Salat, Endiviensalat, Tomaten.

17. OKTOBER

14.00 Uhr

1 *Walnuss*

Wenn der Winter näher rückt, fressen sich die Tiere mit den Früchten, Beeren und Nüssen voll, die es in dieser Jahreszeit reichlich gibt. Sie bereiten sich auf die Monate vor, in denen die Nahrung sehr knapp wird.

2 *Haselnuss*

6 *Feldahorn*

Die grüne Farbe der Blätter entsteht durch den Farbstoff Chlorophyll. Im Herbst wird dieser Farbstoff abgebaut. Andere Farbstoffe von Gelb über Rot bis Braun werden jetzt sichtbar.

Elsbeere

3 *Weißdorn*

4 *Hagebutte*

5 *Schlehe*

7 Der Steinmarder lebt gerne, wie sein Name schon sagt, in steinigen Schluchten und Felsspalten. Aber auch in Parkanlagen, in Gärten und an Waldrändern sieht man ihn manchmal. In Häusern und Scheunen kann er beträchtliche Schäden anrichten.

8

Die Stare bilden Schwärme von Hunderten, oft sogar Tausenden. Sie ändern ganz plötzlich ihre Flugrichtung, bevor sie sich auf die Felder stürzen, um dort nach Nahrung zu suchen.

9

Das Eichhörnchen liebt Haselnüsse. Um sich einen Vorrat für den Winter anzulegen, sammelt es reichlich davon und lagert die Nüsse in vielen verschiedenen Verstecken.

10

Der Maulwurf ist der Verursacher der Erdhaufen, die man häufig auf Wiesen beobachten kann. Diese Erde stammt aus den unterirdischen Gängen, die er gräbt. Dazu benützt der Maulwurf seine kräftigen, schaufelähnlichen Vorderfüße. Da er in völliger Dunkelheit lebt und nur äußerst selten an die Oberfläche kommt, sind sein Geruchs- und Tastsinn besonders gut entwickelt. So findet er sein Futter, Insektenlarven und Regenwürmer.

11

Der Kranich zieht zu Herbstbeginn von Norden in den Süden. Die Vögel fliegen in Gruppen, die eine »V«-Form bilden. Der Leitvogel der Gruppe wird regelmäßig abgelöst, damit die Anstrengung gerecht verteilt ist.

17. OKTOBER

14.00 Uhr

Temperatur: 13 °C

Tag/Nacht

Das Aussehen der Landschaft verändert sich völlig, das Laub der Sträucher und Bäume wechselt seine Farbe. Sommerliches Grün weicht leuchtendem Gelb, Rot und Ocker. Diese warmen Farbtöne passen gut zum Braun der nackten Erde. An manchen Tagen ist es noch recht mild, aber die Temperaturen fallen jetzt deutlich ab. Die letzten Zugvögel fliegen in den Süden, um den Winter in einem warmen Klima zu verbringen.

Der Korb des Gärtners

Man erntet: Artischocken, Sellerie, Rosenkohl, Blumenkohl, Feldsalat, Walnüsse, Schwarzwurzeln. **Und noch immer:** Mangold, Rote Bete, Karotten, Stangensellerie, Kohlrabi, Gurken, Zucchini, Spinat, Fenchel, rote Bohnen, grüne Bohnen, Kopfsalat, Birnen, Winterlauch, Äpfel, Radieschen, Weintrauben, Tomaten.

16. NOVEMBER

11.00 Uhr

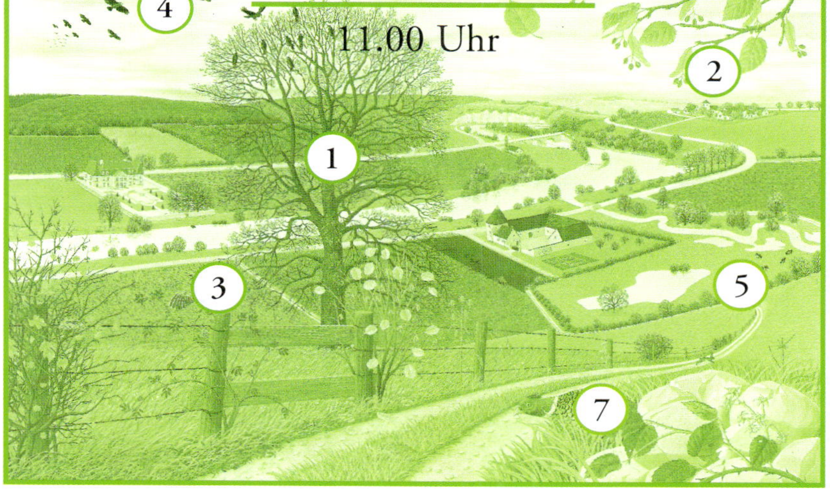

1 *Eicheln der Stieleiche*

2 *Früchte der Linde*

Manche Bäume nützen den Wind aus, um ihre Samen zu verbreiten. Umgeben von einer ganz dünnen Haut oder mit Flügeln versehen, werden diese Samen vom Wind weit weggetragen.

Nussfrucht der Ulme

3 Der Eichelhäher trägt diesen Namen, weil er besonders gerne Eicheln frisst und zur Verbreitung der Stieleiche beiträgt. Er stopft sich die Eicheln in den Schlund, fliegt los, vergräbt überall ein paar davon und legt so einen Nahrungsvorrat für den Winter an. Er findet jedoch später nicht alle Verstecke wieder. Die vergessenen Eicheln fangen im Frühjahr an zu keimen, und so entstehen junge Eichen.

Nussfrucht der Hainbuche

Nussfrucht der Esche

5 *Nussfrucht des Feldahorns*

Rabenkrähe

4 Die Saatkrähen bilden Kolonien. Sie besetzen die höchsten Äste großer Bäume und machen dabei großen Lärm. Ebenfalls in Gruppen wühlen sie in der frisch umgepflügten Erde und suchen nach Regenwürmern. Die Rabenkrähe schließt sich oft mit der Saatkrähe zusammen. Man kann die Saatkrähe an ihrer nackten Schnabelwurzel und den lockeren Federn an den Beinen von der Rabenkrähe unterscheiden.

Saatkrähe

6 Eine Korkschicht bildet sich am Grund der alten Laubblätter. Diese sterben ab, fallen zu Boden und machen so den Knospen Platz, aus denen im nächsten Frühling neue Blätter entstehen.

Mit der ersten Kälte ziehen sich die Haselmaus, der Siebenschläfer und der Gartenschläfer in eine Baumhöhle, Felshöhle oder in einen verlassenen Tierbau zurück, um die Wintermonate zu verbringen. Sie sinken in einen tiefen Schlaf, den man als Winterschlaf bezeichnet. Davor haben sie sich vollgefressen, um Fettreserven anzulegen, die es ihnen ermöglichen, ohne Nahrung den Winter zu überleben.

7 Der Fasan stammt ursprünglich aus dem Kaukasus. Die Römer brachten ihn erstmals nach Europa. Er ist ein sehr geschätzter Wildvogel. Viele Fasane stammen aus Züchtungen und werden für die Jagd wieder freigesetzt.

16. NOVEMBER

11.00 Uhr

Temperatur: 6 °C

Tag/Nacht

Regen, Nebel und Stürme bestimmen diesen Monat. Die Kälte zieht ein. Die letzten Blätter fallen zu Boden, wo sie von vielen Bakterien und anderen winzigen Lebewesen zersetzt werden. Die Pflanzen ernähren sich später von den Mineralstoffen, die dabei entstehen und in die Erde zurückgeführt werden. Samen, die durch den Wind oder durch Tiere verbreitet werden, überdauern den Winter und warten bis zum nächsten Frühling. Dann keimen sie aus und werden zu neuen Pflanzen.

Der Korb des Gärtners

Man erntet: Winterkohl.
Und noch immer: Rote Bete, Karotten, Sellerie, Stangensellerie, Rosenkohl, Blumenkohl, Spinat, Kopfsalat, Feldsalat, Birnen, Winterlauch, Äpfel, Radieschen, Schwarzwurzeln.

15. DEZEMBER

13.00 Uhr

1 Die Samen des Winterrapses, bereits Ende August/Anfang September ausgesät, haben kleine Blätter entwickelt, die den Winter überstehen und im Frühling weiterwachsen.

2 Die jungen Pflanzen des Winterweizens lassen die Felder wie eine riesengroße Rasenfläche aussehen. Sie bleiben während der kalten Jahreszeit in dieser Größe und wachsen im Frühjahr weiter.

3 Die Mistel wird gut sichtbar, wenn die Bäume ihre Blätter verlieren. Sie bleibt das ganze Jahr hindurch grün und wächst auf den Ästen bestimmter Bäume, z. B. Pappeln, denen sie Wasser und Nährstoffe entzieht.

Hase

4 Die männlichen Blüten des Haselnussstrauchs, die bekannten Haselkätzchen, werden im Sommer angelegt und bleiben den Winter über klein. Im Februar strecken sie sich und verteilen ihren Pollen, um so die weiblichen Blüten am Ende der Knospen zu bestäuben.

5 Die Haussperlinge fliegen in kleinen Schwärmen.

Wildkaninchen

6 Der Hase ist Weltmeister im Laufen! Wenn er verfolgt wird, kann er auf einer langen Strecke eine Geschwindigkeit bis zu 50 km/h erreichen. Er ist ein Einzelgänger. Ein einfacher Bau in einer Bodenvertiefung oder im welken Laub genügt ihm als Lager. Das Wildkaninchen dagegen lebt gesellig in weit verzweigten Höhlengängen, die es in den Boden gräbt.

7 Es gibt keine Jahreszeit ohne blühende Pflanzen. Wenn das Wetter im Dezember recht mild ist, blühen noch einige unempfindliche Unkräuter.

Hirtentäschelkraut

Vogelmiere

Gemeines Kreuzkraut ☠

Wenn die Bäume ihre Blätter verlieren, erkennt man den Aufbau der Krone und die Form ihrer Äste besonders gut.

Schwarzpappel

Salweide

Schwarzerle

Esche

Feldahorn

Linde

15. DEZEMBER

13.00 Uhr

Temperatur: 5 °C

Tag/Nacht

Bis zum 21. dieses Monats werden die Tage kürzer. Das ist der kürzeste Tag des Jahres, an dem der Winter beginnt. Die Natur hat sich inzwischen zur Ruhe begeben. Bäume und Sträucher haben ihre Blätter verloren und führen keine Pflanzensäfte mehr. Dadurch können sie den Frost ohne Schäden überstehen. Obwohl das Wetter nicht besonders mild ist, findet man ab und zu noch vereinzelt blühende Pflanzen. Jetzt gibt es für Tiere weniger Nahrung als an den schönen, warmen Tagen. Aber solange kein Frost oder Schnee kommt, finden sie immer etwas zu fressen.

Der Korb des Gärtners

Man erntet noch immer: Sellerie, Stangensellerie, Rosenkohl, Winterkohl, Spinat, Feldsalat, Winterlauch, Schwarzwurzeln.

DIE NATUR

14. JANUAR
15.00 Uhr

17. FEBRUAR
12.00 Uhr

17. MAI
9.00 Uhr

16. JUNI
19.00 Uhr

14. SEPTEMBER
8.00 Uhr

17. OKTOBER
14.00 Uhr

IM LAUFE DER ZEIT

16. MÄRZ
10.00 Uhr

15. APRIL
16.00 Uhr

14. JULI
17.00 Uhr

15. AUGUST
20.00 Uhr

16. NOVEMBER
11.00 Uhr

15. DEZEMBER
13.00 Uhr

REGISTER

A

B

C

E

F

G

H

I

K

L

M

Maikäfer *(Melolontha melolontha):* Mai
Marienkäfer *(Coccinella septempunctata):* Juni
Mauereidechse *(Lacerta muralis):* Juli
Mauersegler *(Apus apus):* April
Maulwurf *(Talpa europaea):* Oktober
Mäusebussard *(Buteo buteo):* September
Mauswiesel *(Mustela nivalis):* Februar
Mehlschwalbe *(Delichon urbica):* April
Mistel *(Viscum album):* Dezember
Misteldrossel *(Turdus viscivorus):* Januar
Mönchsgrasmücke *(Sylvia atricapilla):* April

N

Natternkopf *(Echium vulgare):* Mai
Neuntöter *(Lanius collurio):* August

O

Ödlandschrecke *(Oedipoda germanica):* Juli
Orangeroter Heufalter *(Colias crocea):* Juni

P

Pappel *(Populus)*, Blatt: April
Pappel (Knospe): März
Pirol *(Oriolus oriolus):* Mai

R

Rabenkrähe *(Corvus corone):* November
Raps *(Brassica napus):* Mai – Juli – Dezember
Rauchschwalbe *(Hirundo rustica):* April – August
Rebhuhn *(Perdix perdix):* September
Roggen *(Secale cereale):* Juli
Rosenapfel: August
Rote Taubnessel *(Lamium purpureum):* April
Rothuhn *(Alectoris rufa):* September
Rotkehlchen *(Erithacus rubecula):* Januar
Ruprechtskraut *(Geranium robertianum):* April

S

Saatkrähe *(Corvus frugilegus):* November
Salweide *(Salix caprea)*, Kätzchen: März
Scharbockskraut *(Ranunculus ficaria):* März
Schlehe *(Prunus spinosa):* Oktober
Schlehenstrauch: März
Schlüsselblume *(Primula officinalis):* März
Schwalbenschwanz *(Papilio machaon):* Juni
Schwarzerle *(Alnus glutinosa):* Dezember
Schwarzerle (Blatt): April
Schwarzkehlchen *(Saxicola torquata):* April
Schwarzmilan *(Milvus migrans):* September
Schwarzpappel *(Populus nigra):* Dezember
Siebenschläfer *(Glis glis):* August – November
Silberweide *(Salix alba):* Dezember
Silberweide *(Blatt):* April
Skabiosenflockenblume *(Centaurea scabiosa):* Juni
Sonnenblume *(Helianthus annuus):* Juli – September
Sperber *(Accipiter nisus):* September
Spinnennetz: September
Star *(Sturnus vulgaris):* Oktober
Steinkauz *(Athene noctua):* August
Stiefmütterchen *(Viola tricolor):* März
Stieglitz *(Carduelis carduelis):* Mai
Stieleiche *(Quercus robur)*, Blatt: April
Stieleiche (Knospe): März
Storchschnabel (*Geranium molle):* Mai

T

Tagpfauenauge *(Inachis io):* Juni
Taubenkropf *(Silene vulgaris):* Mai
Taubenskabiose *(Scabiosa columbaria):* Juni
Trespe *(Bromus arvensis):* Juni
Turmfalke *(Falco tinnunculus):* September

V

Vergissmeinnicht *(Myosotis silvatica):* April
Vogelmiere *(Stellaria media):* Dezember

W

Wacholderdrossel *(Turdus pilaris):* Januar
Waldveilchen *(Viola silvatica):* März
Walnuss *(Juglans regia):* Oktober
Walnuss (Knospe): März
Warzenbeißer *(Decticus verrucivorus):* Juli
Wegwarte *(Cichorium intybus):* August
Weichweizen: Juli
Weinbergschnecke *(Helix pomatia):* August
Weißdorn *(Crataegus monogyna):* Mai – Oktober
Weizen *(Triticum aestivum):* Mai – Dezember
Wespe *(Dolichovespula media):* Mai
Wiedehopf *(Upupa epops):* Mai
Wiesenchampignon *(Agaricus campestris):* September
Wiesenkümmel *(Carum carvi):* August
Wiesenlieschgras *(Phleum pratense):* Juni
Wiesenrispengras *(Poa pratensis):* Juni
Wiesenschaumkraut *(Cardamine pratensis):* April
Wilde Karde *(Dipsacus sylvestris):* August
Wilde Möhre *(Daucus carota):* Juli
Wildkaninchen *(Oryctolagus cuniculus):* Dezember

Z

Zauneidechse *(Lacerta agilis):* Juli
Zaunwinde *(Calystegia sepium):* Juni
Zitronenfalter *(Gonepteryx rhamni):* Januar – März